MathStart®
洛克数学启蒙②

MathStart·

洛克数学启蒙②

1、2、3，茄子

[美]斯图尔特·J.墨菲　文

[美]约翰·华莱士　图

吕竞男　译

数字排序

海峡出版发行集团
THE STRAITS PUBLISHING & DISTRIBUTING GROUP ｜ 福建少年儿童出版社
FUJIAN CHILDREN'S PUBLISHING HOUSE

献给永远保持微笑的马德琳·格蕾丝！
——斯图尔特·J.墨菲

献给扎克、杰克、和A.J.。
——约翰·华莱士

著作权合同登记号：图字 13-2023-038号

图书在版编目（ＣＩＰ）数据

洛克数学启蒙.2.1、2、3，茄子 / (美) 斯图尔特·J.墨菲文；(美) 约翰·华莱士图；吕竞男译. -- 福州：福建少年儿童出版社, 2023.9
ISBN 978-7-5395-8095-1

Ⅰ.①洛… Ⅱ.①斯… ②约… ③吕… Ⅲ.①数学-儿童读物 Ⅳ.①O1-49

中国国家版本馆CIP数据核字(2023)第005308号

LUOKE SHUXUE QIMENG 2·1、2、3, QIEZI

洛克数学启蒙2·1、2、3，茄子

著　　者：[美]斯图尔特·J.墨菲 文 [美]约翰·华莱士 图 吕竞男 译
出 版 人：陈远 出版发行：福建少年儿童出版社 http://www.fjcp.com e-mail:fcph@fjcp.com 社址：福州市东水路76号17层〔邮编：350001〕
选题策划：洛克博克 责任编辑：曾亚真 助理编辑：赵芷晴 特约编辑：刘丹亭 美术设计：翠翠 电话：010-53606116（发行部） 印刷：北京利丰雅高长城印刷有限公司
开　　本：889 毫米 ×1092 毫米 1/16 印张：2.5 版次：2023 年 9 月第 1 版 印次：2023 年 9 月第 1 次印刷 ISBN 978-7-5395-8095-1 定价：24.80 元

1、2、3，茄子

每到伦普金家族大聚会的时候，豪伊叔叔就喜欢为大家拍照。
他有一台即时成像相机，拍完就能看到照片。

今年，他拍下了正在
跳探戈舞的泽尔达奶奶，

尝蛋糕糖霜的伯莎姨妈，

还有莫里斯叔叔的假发
掉进水果酒的那一刻。

接下来，他要给所有的孩子拍照了。

"萨莉！马克斯！大卫！"豪伊叔叔大声喊道，"快来排队，拍照啦！"

3 个孩子跑了过来。

"邦佐去哪儿啦？"萨莉问道，"拍照可不能少了邦佐！"

"我们这里没有叫邦佐的呀。"豪伊叔叔不解地说。
可萨莉没有听到他说的话。
"邦佐！"萨莉喊道，"你在哪儿？"

"按年龄从小到大排好队。"豪伊叔叔说。

"我6岁。"马克斯说。

"我9岁。"萨莉说。

"我刚满8岁，"大卫说，"所以我应该站在中间。"

萨莉
9

大卫
8

马克斯
6

"一起喊'茄子'！"豪伊叔叔嘱咐孩子们。

"茄子！"马克斯和大卫喊道。

"邦佐！"萨利突然大叫，"原来你在这儿！"

正当豪伊叔叔按下快门时，萨利突然跑开了。
"糟糕！"豪伊叔叔惊呼一声，"这张照片毁了！"

13

亚当和布里安娜凑过来看了看。"轮到我们了吗？"布里安娜问。

"我给你们 4 个孩子一起拍，"豪伊叔叔说，"按年龄从小到大排好队。"

"我 11 岁，"亚当说，"我站在队尾。"

"我快 8 岁了，"布里安娜说，"我想挨着亚当。"

"不行，"大卫一边说着，一边挤到布里安娜和亚当中间，"快 8 岁也就是说只有 7 岁。"

马克斯　　　　大卫　　　　布里安娜　　　　亚当
6　　　　　　　8　　　　　　7　　　　　　　11

马克斯　　　布里安娜　　　　大卫　　　　　亚当
6　　　　　　7　　　　　　　8　　　　　　　11

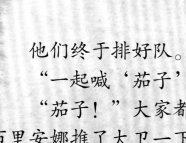

他们终于排好队。

"一起喊'茄子'！"豪伊叔叔提醒孩子们。

"茄子！"大家都喊起来。但就在豪伊叔叔按下快门的那一刻，布里安娜推了大卫一下，结果大卫撞到了亚当身上。

"这帮淘气包！"豪伊叔叔惊呼道，"这张照片又毁了！"

马克斯
6

布里安娜
7

大卫
8

亚当
11

塔尼娅和利蒂西娅用婴儿车推着雅各布走过来。

"是不是该轮到我们照相了？"塔尼娅问道。

"我给你们一起照，"豪伊叔叔说，"按年龄从小到大排好队。"

"我 15 岁。"塔尼娅说。毫无疑问，她是所有孩子当中年龄最大的。

马克斯
6

布里安娜
7

大卫
8

"我 13 岁，"利蒂西娅说，"但亚当的个子比我高很多。我要站在他和大卫中间。"

雅各布
1

利蒂西娅
13

亚当
11

塔尼娅
15

"不，不，不行！"豪伊叔叔说，"重新排队！"
"我才 11 岁，"亚当对利蒂西娅说，"你应该站在我和塔尼娅中间。"
"雅各布要排在这儿，就在马克斯旁边。"布里安娜说。

雅各布　　　马克斯　　　　布里安娜　　　　大卫
　1　　　　　　6　　　　　　　7　　　　　　　8

20

为了看上去和亚当一样高，利蒂西娅使劲踮着脚尖。

亚当
11

利蒂西娅
13

塔尼娅
15

“大家一起喊‘茄子’！”豪伊叔叔说。

　　“茄子！”所有人都喊起来。

　　但是正当豪伊叔叔按下快门时，雅各布的泰迪熊掉了，大卫又推了一下布里安娜，而踮起脚尖的利蒂西娅也撑不住了。

　　“你们呀，可真是一群淘气可爱的孩子啊！”豪伊叔叔感叹道，“这张照片又毁了！”

"没办法啦！"豪伊叔叔说，"还剩最后一张底片。所有人都要站好，不许哭，也不许摔倒。大家一起喊'茄子'！"

24

"等等！萨莉表妹去哪儿了？"亚当问，"就差她一个啦！"
"萨莉！"大家都喊着她的名字。

25

萨莉跑过来，可她看起来不太开心。

"我找不到邦佐了！"她说，"我们的家族合影不能少了邦佐！"

"你没有叫邦佐的表兄弟！"豪伊叔叔大声说道，"快点，大家排好队！"

雅各布
1

马克斯
6

布里安娜
7

大卫
8

"萨莉，你9岁，你应该站在我和大卫中间。"亚当说。

萨莉

9

亚当

11

利蒂西娅

13

塔尼娅

15

"1、2、3，一起喊'茄子'！"豪伊叔叔说，"嗨，萨莉，笑一笑！"

除了萨莉，大家全都大声喊起来。

萨利突然喊道。

就在豪伊叔叔按下快门时，邦佐正好跳进萨莉怀中。
豪伊叔叔非常无奈，一句话也说不出来。
"邦佐！"萨莉开心地说，"你也被拍进照片了！"

写给家长和孩子

　　《1、2、3，茄子》中所涉及的数学概念是将数字按顺序排列。这一概念不仅有助于培养数感，提高数数能力，还可以为孩子理解位值的概念打下基础。

　　对于《1、2、3，茄子》中所呈现的数学概念，如果你们想从中获得更多乐趣，有以下几条建议：

　　1. 和孩子一起读故事，并讨论豪伊叔叔在拍照前怎样让孩子们按年龄排队。

　　2. 豪伊叔叔还可以按其他方式让孩子们排队——例如，按照身高或者名字的首字母顺序。家长可以引导孩子探索其他排列方式。

　　3. 让孩子画一些代表自家亲戚的头像，剪下这些头像，让孩子按他们的年龄从小到大排列。

　　4. 在卡片上分别写下数字 1~15。打乱卡片，并从中随意取出一张，但不要让孩子看到，然后让孩子推断拿走的卡片是哪一张。

　　5. 如果你是按顺序数数，得到的数列是有规律的。例如，3 比 2 大 1，4 比 3 大 1。和孩子一起讨论，看看他能否发现规律，即每个数字都比前一个大 1。

如果你想将本书中的数学概念扩展到孩子的生活中，可以参考以下这些游戏活动：

1. 玩具排队：让孩子先挑选 1 个玩具（例如泰迪熊），接着挑选 2 个其他种类的玩具（例如布娃娃），再挑选 5 个其他种类的玩具（例如积木），以此类推，每种选多少个可以由自己决定。最后，和孩子一起，把选出来的玩具按照数量从少到多进行排序。

2. 纸牌游戏：取一副扑克牌，拿掉大王、小王以及所有的 10、J、Q、K。洗牌后，每人每次抓 2 张牌，用拿到的扑克牌组成一个两位数。例如，拿到 A 和 9 的玩家可以组成 19 或 91。组成的数字最小的玩家赢得其他玩家手中的扑克牌。所有扑克牌抓完后，手中扑克牌最多的玩家获胜。

3. 运动员排队：让孩子把他喜欢的球队的球员进行排序，你可以从报纸或球队官网上找到这些球员的球衣号码。让孩子根据球衣号码给球员排队。

洛克数学启蒙